探索海洋

艾玛和路易斯的海洋大冒险

文 /［德］安妮·阿梅里-西门子

图 /［德］安东·霍尔曼

译 / 许家兰

北京语言大学出版社
BEIJING LANGUAGE AND CULTURE
UNIVERSITY PRESS

目　录

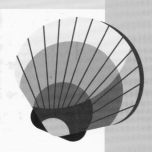

出发去海洋!

自古以来，海洋都令人心驰神往。人类一直在探索海洋，不断探究那些生活在水下的动物和植物。这不，艾玛和路易斯也跃跃欲试，想要来一场乘风破浪、深入海底的探索之旅！在这次旅途中，他们将身临其境地考察不可思议的水下地貌，在海面上下和幽暗的大洋深处见到无数稀奇古怪的生物；他们会遇见许多勇敢的研究人员，探访那些以海为家的人；他们还将听到一些关于海洋和海怪的古老传说，了解世界各地的海盗故事……

令艾玛和路易斯感到惊讶的是，地球上所有的生命都来自几十亿年前的海洋——而当时的海洋连成一片，还是一个整体！我们人类和地球上的其他所有生物，都是由那时出现在海洋中的第一种生命形式进化而来的。

你知道吗？地球是太阳系中唯一表面有液态水的行星。从太空俯瞰地球，地球上的海洋是蔚蓝色的，因此，地球又被称为"蓝色星球"。海洋之所以重要，不仅仅因为它拥有无数美妙的景观和神奇的生物，也不仅仅因为它是一个适合游泳、潜水、冲浪和探索的乐园，还因为它在调节地球气候方面发挥着举足轻重的作用。

话不多说，快来加入这场激动人心的海洋探索之旅吧！

海洋是什么？

海洋中充满了咸水。地球上将近 97% 的水都是咸水！淡水只占大约 3%，存在于湖泊、河流、地下、冰川和极地冰盖中。

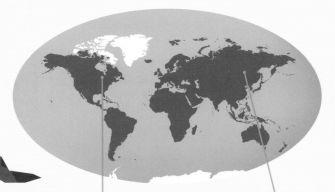

"海洋"一词用来称呼将地球分隔成若干块大陆的巨大水体。

淡水中也含有盐，但含量非常少（不到 1‰）。

苏必利尔湖

贝加尔湖

地球上最深的湖泊是俄罗斯的贝加尔湖，中部最深处达 1620 米；最大的淡水湖是北美洲的苏必利尔湖，面积为 82414 平方千米。

海洋的英文"ocean"一词来自希腊神话中的大洋神俄刻阿诺斯（Oceanus）。在古希腊，人们认为海洋就是一条环绕整个世界流动的大河。

当你口渴时，喝海水是没用的！因为它的盐度很高（大约 35‰），喝下去反而很危险。你喝得越多，身体流失的水分就会越多。不过，对于海洋鱼类和其他生物来说，这就不是问题了，因为它们已经完全适应海洋环境了。

海洋里生活着形形色色的生物，它们拥有各种各样的特殊技能。其中，有很多生物与我们人类密不可分。

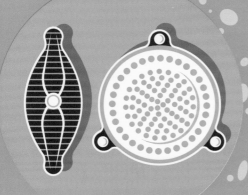

硅藻

这种微小的植物属于**浮游生物**，是许多动物（如鲸鲨）的食物。它们的细胞壁由硅酸物质组成，所以叫作"硅藻"。硅藻的直径只有我们头发丝的千分之一！

拳师虾

这种小虾以鱼类身上的寄生虫和死皮为食，它们的觅食过程就像是在为宿主提供免费的清洁"服务"。动物之间的这种关系被称为清洁共生。

鲸鱼

鲸鱼体形庞大，对整个海洋生物圈有着重要影响。它们潜入深海觅食，然后回到水面呼吸空气，这有助于将**营养物质**分布不均的水层混合在一起，从而为海洋深处的生物带来好处。此外，鲸鱼的粪便还是浮游生物（如硅藻）的肥料。

巨蝠鲼（fèn）

学名双吻前口蝠鲼，是世界上最大的鳐（yáo）鱼，在所有热带海域中都能见到它们的身影。巨蝠鲼以浮游生物、海胆、小鱼和海星为食。

大西洋鲱（fēi）鱼是最常见的海洋鱼类之一，也是一种非常壮观的集群鱼类。它们会聚在一起形成巨大的鱼群，是许多海洋生物重要的食物来源，比如鲸鱼、海豚、鲨鱼和海鸟主要以大西洋鲱鱼为食。

史前海洋

现在地球上的陆地面积不到地球表面积的三分之一，共包括六块大陆，划分为七大洲。而在亿万年前，地球上只有一块大陆，四周环绕着一片巨大的海洋。

想象一下：在 2 亿多年前，如今的阿尔卑斯山还是一片洋底！人们在它海拔 2800 米的地方，发现了当时生活在海洋中的鱼龙化石。

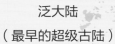

泛大陆
（最早的超级古陆）

大陆的形成

在大约 2.5 亿年前，地球上的陆地还不是如今的六块大陆，而是一整块大陆，叫作泛大陆。包围着它的是一片横跨全球的海洋，叫作泛大洋。而在大约 2 亿年前，泛大陆分裂成了劳亚古陆（又称"北方古陆"）和冈瓦纳古陆（又称"南方古陆"）。

劳亚古陆

冈瓦纳古陆

后来，劳亚古陆分裂成了亚欧大陆和北美洲两块大陆，而冈瓦纳古陆则分裂成了南美洲、非洲、澳大利亚、南极洲，以及印度半岛。

北美洲　亚欧大陆　　北美洲　　亚欧大陆

印度半岛

南美洲　非洲　　南美洲　　非洲　印度半岛

南极洲　澳大利亚　　澳大利亚

南极洲

在被称为"泛大洋"的史前海洋中，鱼龙等水生动物有足够的活动空间。人们认为，它们是有史以来最大的海洋爬行动物，身长可以达到 21 米，体重达 80 吨。

板块

　　我们可以将地球表面看作一幅巨大的拼图。其中的每一块拼图叫作"板块"，它们构成了地球表面的陆地和洋底。这些板块或是彼此叠压，或是互相远离，以跟我们的指甲生长差不多的速度在缓慢运动。它们会不时地冲撞在一起，这便导致了山脉和火山的形成，以及地震的发生。

　　板块由岩石构成，厚度可达 200 千米。但在有些地方，岩石圈（从地壳到地幔的最外层）仅有 10 千米厚。

　　目前，北美洲板块和亚欧板块正在以大约每年 2 厘米的速度分离。也就是说，如果**哥伦布**今天出发，从欧洲航行到北美洲，他的航程将比 1492 年时更长。

200 千米

北美洲板块

北美洲板块

亚欧板块

印度板块

加勒比板块

科克斯板块

阿拉伯板块

菲律宾板块

太平洋板块

纳斯卡板块

太平洋板块

澳大利亚板块

南美洲板块

非洲板块

斯科舍板块

　　科隆群岛（又称加拉帕戈斯群岛）是太平洋中的一群火山岛。这里是许多奇异物种的家园，有很多动植物（如加拉帕戈斯象龟）都是当地的**特有种**。也就是说，你只有在这里才能见到它们！

　　当两个板块在洋底相互分离时，地球内部的岩浆便会通过裂开的裂缝涌向地表，从而形成海底山脉，如大西洋中脊。

海浪和潮汐

当风、潮汐或其他事件导致海水运动时，就形成了海浪。海浪对海洋生物是有益的，它能为许多动物带来食物。现在，就让我们跟艾玛和路易斯一起来见识一下各种海浪吧！你知道吗？有些海浪真是太壮观了！

在许多地方的海岸线，被海浪反复冲刷的贻贝随处可见。这种贻贝可以通过鳃摄入微小的食物，以及氮、磷元素。这个过程还能起到清洁海水的作用。贻贝每小时大约能过滤 5 升海水，而牡蛎每小时能过滤 25 升海水！

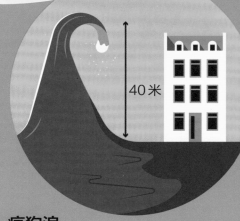

40 米

海火

夜晚，海浪有时会发出明亮的蓝光，如梦如幻。这种现象被称为"海火"，海火是由一种叫作夜光藻的单细胞生物产生的，它们的蓝光可以吓退螃蟹等觅食者。

疯狗浪

在远离陆地的开阔海面上，时常会涌起 10 多米高的海浪。当一个浪头的大小是周围浪头的两倍以上时，它就被称为"疯狗浪"。滔天巨浪就像一堵水墙，有记录的最高的海浪曾达到 40 米！

海啸

海底地震或滑坡都有可能引发海啸——这是一种巨大的海浪，比其他海浪都要高。有记录以来，最高的海啸高度达到了 524 米！板块移动会引发地震，从而造成海底震荡，使海水被迫移动，产生一个（或多个）浪头。起初，这些浪头在海面上并不起眼，只有在渐渐靠近海岸时，随着海面越来越平坦，它们的波长越来越窄，才会堆叠达到最大的高度。

如果你想知道风是怎样制造出海浪的，只要往水池表面吹一口气就可以了。你吹出的气体就是风，它会推着水朝某个方向涌去。大自然中的风也是这样对海洋产生影响的。

冲浪者最喜欢海浪了，他们驾驭着冲浪板滑行，享受海浪带来的无尽欢乐。但是，海浪的作用可不仅仅是这些，它对于海洋生物以及保持海洋本身的健康也有重要意义。

波浪的最高点叫作波峰，我们可以通过海洋石油钻井平台上安装的传感器来测量海浪的高度。

浪潮中蕴含着巨大的能量，可以用来发电。

潮起潮落

潮汐的涨落也影响着海水的运动和波浪的形成。潮汐是由月球的运动造成的——虽然远离地球几十万千米，但月球的天体**引力**仍然可以牵引我们这颗星球上的水产生运动。

在地球朝向月球的一侧，海水像磁铁一样被月球吸引，形成了一个明显的潮汐隆起。而在地球的另一侧，**地球自转**产生的**离心力**也会形成一个较小的潮汐隆起。因为地球的自转，潮汐隆起的位置会随着月球位置的变化而变化，这就形成了潮起潮落的交替。

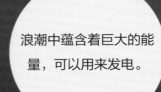

洋流

　　洋流就像海洋中的河流，推动着大量海水在地球上运动。它们是由**地球自转**、风以及海水盐度和温度的差异造成的。此外，海底地形也会影响洋流的流向。

　　洋流促进了不同海域间冷水和暖水以及**氧**气和营养物质的交换。在洋流的作用下，温暖的海水从**赤道**流向两极，而两极的冷水则下沉到海底，流回赤道。这个循环过程平衡着海洋、陆地以及海陆之间的温度差异。

乔治·哈得来

　　英国科学家乔治·哈得来是第一位描述地球周围大气环流的科学家。他认为，大气环流始于赤道，因为这里的阳光最为强烈。当太阳加热空气时，受热后的空气膨胀开来，变得更加轻盈，就会产生风。这会让热空气上升到更高的高度，然后从赤道地区向外吹去。当它在旅途中变冷之后，便会在亚热带附近沉降下来，并贴着地面吹回赤道。这种风被称为信风，而这一大气环流被称为哈得来环流。

东格陵兰寒流

北美洲

墨西哥湾暖流

加利福尼亚寒流

北赤道暖流

南赤道暖流

南美洲

巴西暖流

秘鲁寒流

地球上不同海域的海水盐度是不同的！当海水从太平洋经印度洋流向大西洋时，大量的水分被蒸发掉，导致其盐度上升。然后，这股海水又流向了冰岛和格陵兰岛。这就造成大西洋海水的表层盐度高达35‰，每升海水的含盐量比太平洋多出3克。而地中海的海水盐度更高，约为38‰。当然，这些与盐度高达332‰的死海（其实是个湖泊）相比根本算不上什么。

海洋对地球**气候**影响深远，因为它能从大气中吸收**二氧化碳**，起到抑制温室效应的作用。

水循环

海洋是地球水循环的源头。阳光将海洋中的水蒸发到空中，水蒸气遇冷凝结成云朵，气流推动云朵在大气中移动，最后，云朵中的水汽以雨、雪、冰雹等形式重新降落回陆地和海洋。这一循环既可以调节地球气候，又可以为陆地供水。

四大洋

地球表面的另外三分之二被海水覆盖，形成了四大洋和边缘的众多海域。其中，面积最大的是太平洋，最小的是俄罗斯和加拿大之间的北冰洋。

北冰洋

"泰坦尼克号"
沉没处

太平洋

大西洋

太平洋

印度洋

1912年4月15日，远洋客轮"泰坦尼克号"与冰山相撞后，沉入大西洋。此后，很多人都在搜寻它的残骸，但直到1985年，人们才在海底3800米处找到它。自从沉没后，它就成了海绵、虾和螃蟹的家园，它们几乎吃光了船体中所有的木头。在机器人的帮助下，人们对沉船进行了检查，结果发现了一些全新的物种，如"泰坦尼克盐单胞菌"。有些科学家认为，再过几十年，"泰坦尼克号"的残骸将彻底消失。

大西洋

大西洋总面积约为 9300 万平方千米，是世界上第二大的大洋。它形成于 2 亿年前超级庞大的泛大陆分裂开来的时候。

大西洋飞鱼

这种鱼可以跃出水面，利用它们翅膀一样的胸鳍在空中滑翔。它们能飞 5—6 米高、100 多米远！

红蝎子鱼

这种鱼生活在海底，是伏击型掠食者的典型代表。当一只小虾游过时，它会迅速张开嘴巴，把它吸进去。红蝎子鱼游得很慢，它更习惯利用胸鳍推动身体贴着海底移动。当心，它们的尖刺是有毒的！

女王海扇蛤（gé）

这种生活在北大西洋中的软体动物虽然不是鱼类，但却会游泳！它们可以拍动两扇贝壳，不断地排出里面的水，从而推着自己四处游荡。

北冰洋

北冰洋位于地球最北端，也被称为北极海或北极地中海。它的面积约为 1475 万平方千米，大部分海面常年覆盖着厚厚的冰层。

北冰洋被北美洲、欧洲和亚洲三个大洲所环绕。

亚洲

北美洲

冬季，北冰洋有三分之二的洋面是冰封的。

北极点

北冰洋的海水温度可低至-4℃。

欧洲

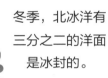

北冰洋的坚冰下生活着各种顽强的生物，如藻类和小螃蟹。它们可以从海冰中获取营养，而整个食物链也正是从它们开始的。

北极熊

北极熊是陆地上最大的肉食动物。由于气候变化，它们赖以为家的海冰正在不断消融，它们被迫开始迁入北美洲新的栖息地。这也导致它们与当地的灰熊杂交，生下了一种白色夹杂着灰色的灰北极熊。

冰山

冰山其实是凝固的淡水，是从极地冰川上崩裂下来的。这些冰山有的高出海面 100 米，而我们所看见的只是它们的顶峰部分，其余大部分（大约 90%）都隐藏在海面下。

浮冰

北冰洋上绵延漂浮着无数浮冰，有些非常巨大。不同于冰山，浮冰由海水凝固而成。在风浪的推动下，它们会像煎饼一样层层堆叠起来，有时会堆到 10—20 米高。

印度洋

印度洋的面积约为 7500 万平方千米，是世界第三大洋，也是最温暖的大洋。

亚洲

非洲

平鳍旗鱼

它们的游动速度高达每小时 45 千米，擅长用又长又尖的**吻突**攻击**猎物**，然后吞掉它们。

马达加斯加岛是印度洋上最大的岛屿，是许多特有种动植物的家园。

旗鱼加速时，会收起背鳍，让它平贴在脊背上。这样可以减小身体在水中的阻力，让自己游得更快。

迄今为止，人们测量到的最大的蛤蜊（gélí）重达 300 千克，直径达 1.4 米。这种名叫砗磲（chēqú）的巨蛤无法移动，只能栖息在珊瑚礁上，以从水中过滤出来的浮游生物为食。

叶海龙

这种生物是海马的亲戚。它们的身体末端呈叶片状，看起来很像藻类。这一特征非常有用，可以为它们在伏击猎物（如小型甲壳类动物）时提供完美的伪装。像这样的生物伪装现象，叫作拟态（模拟环境或其他物种的形态）。

17

太平洋

太平洋是全世界最大、最深的大洋，面积约为1.8亿平方千米。

从两个方面足以看出太平洋有多大：第一，它的面积比地球上所有大陆的面积加起来还要大；第二，如果把边缘海域也算进去，它的面积几乎等同于其他大洋面积的总和。太平洋绝对是一片浩瀚的汪洋！它容纳着整个地球一半以上的露天水资源。

北美洲

太平洋

亚洲

澳大利亚

环绕着太平洋板块分布有400多座活火山，由此构成的火山带被称为环太平洋火山带。

海马是非常优秀的模范父母：交配时，雌海马会在雄海马腹部的育儿袋里产下数百枚卵，在雄海马的悉心照料下，这些卵会继续发育、**孵化**成海马宝宝。

太平洋巨型章鱼

章鱼属于头足纲动物。太平洋巨型章鱼是已知体型最大的章鱼，每条腕上有多达250个茶碟大小的吸盘。它们生活在洞穴中，身体可以钻过很小的孔洞。它们的喙（huì）看起来跟鹦鹉的很像，适合用来咬碎螃蟹的壳。小心哦，它们的唾液是有毒的！

太平洋巨型章鱼一生只交配一次。雌章鱼会产下大约10万个卵，并在接下来的6个半月内停止进食，尽心尽力地照顾后代，直至死去。

南大洋

围绕着南极洲的海洋，在气候和生物方面都很独特，科学家们主张把它作为一个独立的大洋，称为"南大洋"。这种主张得到了不少国家和国际组织的认可。

南极洲

磷虾

这些形似小虾的生物生活在南大洋中，靠滤食海水中的藻类和浮游生物为生，体长可达6厘米。研究人员发现，南大洋每立方米海水中生活着大约1万—3万只磷虾，据此估算，南大洋的磷虾总量大约有5亿吨。

生活在南大洋深处的巨型南极海绵是地球上已知最长寿的动物。它们诞生于5亿年前（比恐龙早得多），能够存活1万年之久。

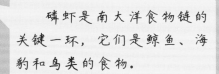

磷虾是南大洋食物链的关键一环，它们是鲸鱼、海豹和鸟类的食物。

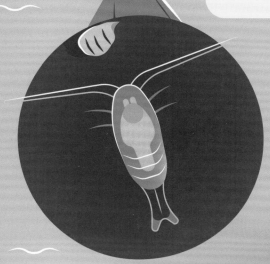

南大洋的浮游生物可以储存它们从大气中吸收的二氧化碳。

帝企鹅

这种企鹅有个有趣的特点，那就是由雄企鹅负责孵化宝宝，这是因为雌企鹅在产蛋过程中消耗了大量的体能，早已饥肠辘辘，需要赶紧去海洋中寻找食物。为了不被南极的极寒冻坏，成千上万只雄企鹅会挤作一群，将背部对着风吹来的方向。它们还会不时地交换位置，轮流回到企鹅群中间恢复体温。

藻类和植物

海洋中生长着数不尽的藻类。它们不仅是许多海洋生物的食物，还对人类和动物的整体生存有着至关重要的影响，因为它们可以产生我们呼吸所需要的氧气。

巨藻

在北美洲的西海岸，分布着大片褐色的巨藻森林。这里是许多**无脊椎动物**（如鱿鱼）、各种鱼类和海獭等**哺乳动物**的家园。巨藻是地球上生长速度最快的生物之一，它每天可以生长60厘米，整体长度可以达到60米。

海獭拥有动物界中最厚的皮毛。它们在水下活动时，皮毛中间滞留的空气可以起到很好的保暖作用。海獭食量很大，每天吃掉的食物大约相当于它自身体重的四分之一。

藻类和海草都能进行光合作用，也就是说，它们可以把二氧化碳转化为氧气。要知道，我们呼吸所需要的氧气都是通过光合作用产生的。与此同时，水生植物和藻类对地球气候也有着至关重要的影响，因为它们能长时间储存二氧化碳。这些植物和藻类死亡后会沉入海底，这就意味着储存在它们里面的二氧化碳要经过很长一段时间才会被重新释放回大气中。

巨藻森林还是许多海洋生物的庇护所。比如，点纹斑竹鲨（又叫猫鲨）的卵会牢牢附着在巨型海带上，9个多月后，一条条小鲨鱼就会从里面孵化出来。因为这些卵的外形非常独特，所以它们又被称为"美人鱼的钱包"。

藻类也是地球上最古老的生物之一，它们已经存在5亿年以上了！

微型藻类

微型藻类小到无法用肉眼看见，但这并不代表它们不重要。实际上，这些极其微小的生物（或者叫浮游生物）正是海洋食物链的起点，其他所有海洋生物的生存都依赖于这些毫不起眼的海藻。比如，莱茵衣藻（一种绿藻）就是其中的一员。

"巨无霸"和"小不点儿"

海洋里的生物可真多呀！像蓝鲸那样的大家伙，想要看不见都难。但是，也有一些海洋生物是我们睁大眼睛也无法观察到的，因为它们往往只有一个细胞那么大。快跟上艾玛和路易斯，一起来见识一下海洋生物中的"巨无霸"和"小不点儿"吧！

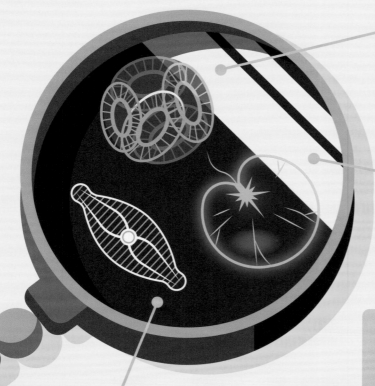

钙化藻

这种单细胞藻类比一粒盐晶还要小，外面有一层保护性的硬壳。在区区1升海水中，它们的数量就超过了1亿个。想象一下，它们在整个海洋中的数量该有多少！

夜光藻

有些夜晚，从海滩上可以观察到海面在闪光，这正是夜光藻的"杰作"。在海浪运动或是受到其他干扰时，这种单细胞藻类便会发出荧光，这有助于吓退螃蟹等捕食者。

> 我们的身体由大约75万亿个细胞构成，而这些微小的藻类却只有一个细胞！你知道吗？藻类还有很多种不同的颜色，比如绿色、棕色和红色。

硅藻

硅藻对于我们的地球简直太重要了！因为它们生产出了全球近三分之一的氧气。全世界大约有12000种不同的硅藻，它们是浮游生物的重要组成部分，能为无数海洋生物提供生存所需的营养。

> 侏儒灯笼鲨体长仅有20厘米，是海洋中最小的掠食性鱼类。

巨型管水母

这种生物是由无数**个体**组成的**群体**，群体中的所有个体共同构成一个"身体"，而每一个个体都各司其职。有的管水母看上去像螺旋状的灯带，长长的**触手**可达 40 多米。

棱皮龟

这是世界上最大的海龟，有着厚厚的革质皮肤，体长可达 2 米，体重可达 700 千克。

翻车鲀（tún）

这种长相奇特的大鱼又叫"太阳鱼"，因为它们喜欢浮在海面上晒太阳。这种鱼块头很大，体重可以超过 2 吨，跟一头河马差不多！它们生活在开阔海域中，有时可以潜到水下 500 米深处。

双吻前口蝠鲼（巨蝠鲼）

这种巨型鳐鱼体长可达 9 米，体重可达 3 吨！它们有翅膀一样的胸鳍，翼展可达 7 米，甚至可以抵御鲨鱼和虎鲸的攻击。

鲸鲨

鲸鲨是世界上最长的鱼类，但它们以极小的海洋生物为食。仅靠滤食海水中的小鱼小虾，它们就能生长到 14 米长。鲸鲨有着所有动物中最厚的皮肤，厚达 10 厘米。鲸鲨的大嘴有 1.5 米宽，想象一下，这张巨口几乎能装下一个你了！

蓝鲸

蓝鲸是世界上最大的哺乳动物，也是地球上有史以来最大的生物，可以生长到将近 33 米长！此外，蓝鲸还拥有一项惊人的世界纪录：它们的心脏平均每分钟只跳动 6 到 8 次，是世界上心跳最慢的动物。

掠食者

当心，海洋中危险的不只是鲨鱼锋利的牙齿！这里还生活着许多本领高超的掠食者，它们个个"身怀绝技"，有的以速度见长，有的以技巧取胜。

红狮子鱼

红狮子鱼会跟在猎物身后，迅速张开嘴巴，一口把对方吸进嘴里。它们强大的吸力不会给猎物留下任何逃脱的机会。

大白鲨

这种鲨鱼的牙齿呈三角形，非常锋利，一口就能把猎物撕成两半。所有鲨鱼的牙齿都是多层的，贴着颌（hé）部生长，脱落后会再生。

鲨鱼的牙齿如果脱落或受损，还能长出新的。所以，它们的一口尖牙就像左轮手枪那样，可以"随时装弹"。

绿海鳗（mán）

这种鳗鱼的皮肤表面有一层厚厚的黏液，使它们看上去呈绿色，可以很好地隐藏在岩石裂缝中。它们擅长通过嗅觉来辨别猎物，然后以闪电般的速度冲出去，用尖利的牙齿死死咬住猎物。绿海鳗的体长可达2.5米。

抹香鲸

这种体形庞大的鲸鱼可以潜入深海，猎食大王乌贼。所以，它们的皮肤上经常会留有这类水下恶斗造成的疤痕。

虎鲸

虎鲸又叫逆戟鲸，通常以企鹅以及其他海洋哺乳动物（如海豚、海豹）为食。它们是极其聪明的掠食者，擅长群体狩猎，还会通过尖叫声彼此交流。这就意味着，它们甚至能够围猎比自己体形更大的大白鲨或须鲸。

七鳃鳗

这种鳗鱼的嘴巴形如吸盘，布满尖牙，连舌头上都长着牙齿。这种结构十分有利于刺穿其他鱼类的皮肤，所以它们以吸食血肉为生，被称为"水中吸血鬼"。

雀尾螳螂虾

这种小小的甲壳动物有一门绝技：可以靠棍棒形状的前肢击碎猎物的外壳。它们擅长偷袭，敲击贝壳的速度在动物界中可是数一数二的！

鱼类

鱼类是最早长出内骨骼的动物，已经在地球上存在了 5 亿年。从河豚到原始的腔棘鱼，它们的种类多到不可思议。

鱼类是如何呼吸的?

水里有溶解的氧气，鱼类可以靠鳃来获取这些氧气。鱼鳃外面是鳃盖，里面有很多细小的鳃片，布满极细的血管，叫作毛细血管。水流过鱼鳃时，毛细血管会吸收溶解的氧气，将其输送到鱼的全身各处。此外，鱼鳃还能排出鱼类身体产生的二氧化碳。为了获取足够的氧气，鱼类必须让水不停地流过鳃部。

吸

呼

大多数鱼的鳃盖一直在不停地开合，让新的水流进入鳃部。但也有一些鱼类〔如灰鲭（qīng）鲨和蓝鲨〕没有鳃盖。这样一来，它们就必须让身体保持运动，以确保海水源源不断地流经鳃部。因此，它们游动时总是张着嘴巴。

皱鳃鲨

皱鳃鲨皱巴巴的鳃孔，以及几乎占据半个头部的血盆大口，使得它看上去像是恐龙时代的生物。有研究表明，它们早在 9500 万年前就已经存在了。正因为这样，皱鳃鲨也被称为"活化石"。

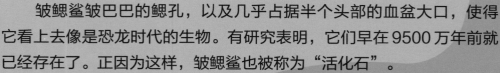

刺鲀

这种鱼可以快速吸入大量海水，让身体膨胀起来，竖起浑身的棘刺来抵御饥饿的掠食者。它们长着喙状的嘴巴，可以撬开海胆——海胆的尖刺一点儿也吓不到它们。

双髻（jì）鲨

这种鲨鱼的脑袋长得很像锤头，所以又叫"锤头鲨"，其眼睛和鼻孔位于"锤头"两端。它们时常凑在一起交流，但这可不一定是在表达友好，因为它们也会以同样的行为威胁对方。

鮣（yìn）鱼

这种鱼很聪明，它们头顶有一个吸盘，可以吸附在其他鱼类、海龟或鲸鱼身上，搭"便车"旅行。运气好时，它们甚至还能搭上潜水员或过往船只的便车！正因为这样，它们也被称为"吸盘鱼"。

格陵兰鲨

这种鲨鱼的寿命极长，研究人员曾发现过一条500岁的格陵兰鲨！它们的体重可达1吨，体长可达6米。格陵兰鲨能在极其严寒的环境中生存，它们活动的北冰洋海域水温常低至0℃。

腔棘鱼

这种生物已经在地球上生存了超过 3.6 亿年，也就是说，它们曾与恐龙同时存在！在 1938 年之前，人们一度认为它们已经灭绝了。这种鱼通常生活在深海，所以我们只能从潜水器中观察到它们。

鱼没有眼睑，所以睡觉时总是睁着眼睛。有些鱼（如黄貂鱼）在休息时喜欢挖洞，用沙子把自己埋起来。

无脊椎动物

蠕虫、水母和章鱼的外形虽然千差万别，但却有一个共同点——都没有内骨骼。正因为这样，它们被统称为无脊椎动物。

织锦芋螺

这种海螺拥有漂亮别致的外壳，可以生长到15厘米。然而，美丽的外表只是伪装，织锦芋螺可绝不是纯良无害的：它们箭状的齿舌可以像鱼叉一样射向猎物，并注入毒素。它们靠这种方法麻痹虫类、其他螺类，甚至鱼类，然后将其整个吞下。它们的毒素对人类也是有害的。

乌贼

作为海洋中最聪明的软体动物，乌贼适应环境的能力非常强，它们会使用工具，甚至还会数数。它们的记忆力也很好，经历过的事情一辈子都能记得。

鱼虱

这些微小的寄生虫附着在鱼类身上，吸食它们的血液。在寻找新的宿主时，它们会用肢体游泳。

蓝环章鱼

这种章鱼体长只有大约10厘米，却是世界上最致命的动物之一。它们能分泌一种由体内**细菌**产生的毒液，毒性极强。当感受到威胁时，它们身上的蓝环就会开始闪烁，向其他生物发出警告。

太平洋黄金水母

这种水母会用毒针一样的刺丝麻痹猎物，然后用触手把它们拉进自己的伞状体，在那里将其消化掉。

箱水母

这种水母又叫"海黄蜂"，有60根触手，是最危险的海洋生物之一。它们剧毒的刺丝对人类来说也是足以致命的。

水母没有大脑，只有基本的消化系统和谜一样的生命周期。成年水母叫作水母体，它们会产生受精卵，发育成幼虫。幼虫又发育成水螅体，牢牢地附着在固体表面上。然后，这些水螅体会渐次分裂出自己的一部分，形成一个个独立的水母幼体，脱离水螅体，并最终发育为成年的水母体。

欧洲龙虾

龙虾的两只螯（áo）往往一个大，一个小。较大的被称为"粉碎钳"，可以用来弄碎猎物的外壳；较小的被称为"切割钳"，可以用来抓住猎物并将其解剖开。通常，它们会在礁石裂缝中耐心地等待猎物。欧洲龙虾体长可达1米，如果失去一条腿、一根触角或一只螯，还能重新长出来。

橡子藤壶

生长在岩石上的藤壶虽然跟贻贝很像，却是一种小型甲壳动物。它们靠肢体从海水中滤食所需的营养物质，身体则蜷缩在方解石质地的坚硬外壳中。

哺乳动物

哺乳动物在地球上已经存在了大约2.2亿年。它们属于脊椎动物（也就是说，它们都有内骨骼），并且有一个共同点，那就是用乳汁哺育幼崽——包括那些生活在水下的物种！

蓝鲸

蓝鲸是一种须鲸，它的上颚长有梳齿形状的角质须，用来滤食海水中的磷虾。一头成年蓝鲸的胃，一次能容纳2吨磷虾。作为地球上最大的动物，它们的体重可达190吨，相当于30头大象、225头牛或2500个成年人的重量。蓝鲸的叫声音量可以达到180分贝，简直比喷气式飞机的噪声还响，这使得它们能够与千里之外的同类进行交流。

哺乳动物是如何在海洋中睡觉和呼吸的？

为了生存，海豚和鲸鱼必须定时浮上水面呼吸。对于它们来说，呼吸是一种有意识的行为。这跟我们人类不同，我们的呼吸完全是无意识的，而海豚和鲸鱼必须时刻提醒自己到水面上换气。正因为这样，它们的左右脑可以轮流工作，也就是一半大脑在工作，另一半大脑在休息。

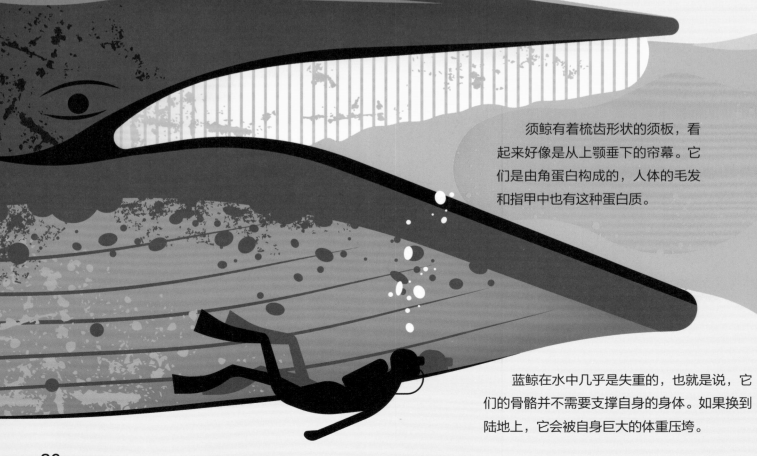

须鲸有着梳齿形状的须板，看起来好像是从上颚垂下的帘幕。它们是由角蛋白构成的，人体的毛发和指甲中也有这种蛋白质。

蓝鲸在水中几乎是失重的，也就是说，它们的骨骼并不需要支撑自身的身体。如果换到陆地上，它会被自身巨大的体重压垮。

宽吻海豚

这种海豚是最聪明的哺乳动物之一。每只宽吻海豚都会发出自己独特的呼哨声，而同伴会以此识别它的身份，它们就靠这些声音来称呼彼此并进行交流。海豚会结成团队猎捕鱿鱼或鲑鱼，并利用超声波来协作配合。

铲齿中喙鲸

这是一种极为罕见的鲸鱼，直到今天，科学家还没有在海洋中观察到任何一头活体。目前人类对这种鲸鱼的了解，全部来自它们被冲上海岸的尸体。

冠海豹

为了讨好雌性或吓退其他雄性，雄性冠海豹会在头上鼓起一个红色的气囊——就像一个大气球！

有些人在跳入水中前，会用手指捏住鼻孔，这样水就灌不进去了。海狮就不用"多此一举"，因为它们的面部肌肉松弛下来时，鼻孔是自然闭合的，只有绷紧这些肌肉才能呼吸。这就意味着，当它们潜入水中时，不会有水灌进鼻子里。

海狮

海狮是聪明的猎手，能够潜入水下30米，憋气10分钟。长长的胡须使得它们能够在漆黑的、浑浊的水下感知猎物。它们身上有一层厚厚的脂肪，可以保暖。

鸟类和爬行动物

海洋养育了千奇百怪的鱼类和哺乳动物，同时，这里还是许多爬行动物和鸟类的家园。快来看看艾玛和路易斯都遇见了什么吧！

丽色军舰鸟

这种海鸟的雄鸟有一个引人瞩目的红色喉囊，可以充气膨胀起来，吸引雌鸟的关注。它们体长超过1米，翼展可达2米，靠在海面上飞行掠食鱼类和鱿鱼为生。

海鬣（liè）蜥

海鬣蜥生活在科隆群岛的礁石海岸上，体长将近1.5米。它们是一群生存大师，主要以藻类为食，是唯一一种能够潜入海中的蜥蜴。如果它们的牙齿掉了，就会在同一位置长出一颗新的。

大西洋丽龟

大西洋丽龟是全世界最小的海龟，体长只有70厘米左右。它们又被称为"肯氏丽龟"，这是以美国渔民理查德·肯普的名字命名的，因为他是第一个提交这种海龟样本的人。

蓝脚鲣（jiān）鸟

为了讨好雌鸟，雄性蓝脚鲣鸟会表演一种有趣的舞蹈——交替抬起双脚。雄鸟的双脚颜色越蓝越好，这是一种信号，可以告诉雌鸟自己有多么健康！如果雄鸟得到了雌鸟的芳心，它们就会一起跳舞。这种海鸟属于群居性动物，喜欢成群结队地活动。

棱皮龟因为拥有皮革质地的油性外皮而得名，这种外皮有助于保护它们免受掠食者的侵害。它们可以生长到2—3米，是世界上最大的海龟。此外，它们还保持着海龟界的潜水记录，可以潜到水下1200米深处！棱皮龟以浮游生物和水母为食，并对后者的毒素免疫。如果没有它们，海洋中的水母将泛滥成灾，对许多栖息地造成严重破坏。

海龟靠产卵繁殖，但海龟卵需要热量才能继续发育和孵化。所以，它们会在海滩上产卵，并用沙子把卵埋起来，利用沙子来吸收太阳的热量。如果海龟卵在27.7℃以下孵化，孵出来的就是雌海龟；如果在31℃以上孵化，孵出来的就是雄海龟；如果温度在两者之间，孵出来的可能是雌海龟，也可能是雄海龟。

海洋大迁徙

很多动物在海洋中迁徙、漫游，以便寻找食物，繁衍后代。有的物种需要长途跋涉10000千米，而且每年都要折返一次！

大部分鲸类会在南大洋或北冰洋度过夏天，并在那儿吃掉大量磷虾，积累下一层厚厚的鲸脂。在这段日子里，一头灰鲸幼崽每天会增重30千克。

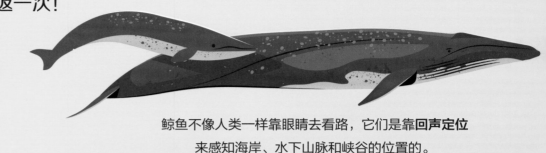

鲸鱼不像人类一样靠眼睛去看路，它们是靠回声定位来感知海岸、水下山脉和峡谷的位置的。

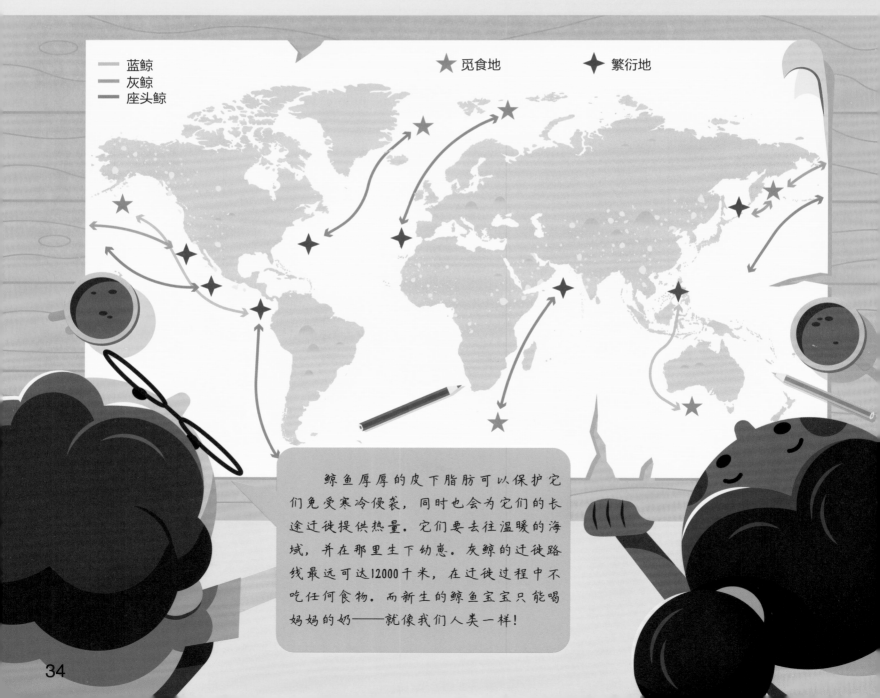

蓝鲸
灰鲸
座头鲸
★ 觅食地
◆ 繁衍地

鲸鱼厚厚的皮下脂肪可以保护它们免受寒冷侵袭，同时也会为它们的长途迁徙提供热量。它们要去往温暖的海域，并在那里生下幼崽。灰鲸的迁徙路线最远可达12000千米，在迁徙过程中不吃任何食物。而新生的鲸鱼宝宝只能喝妈妈的奶——就像我们人类一样！

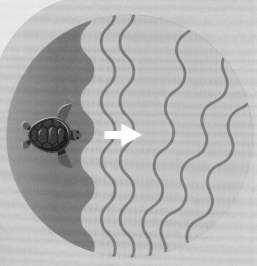

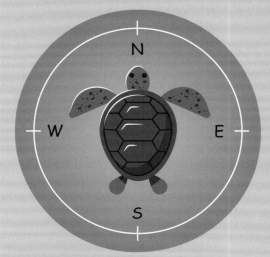

北极燕鸥夏季在北极繁殖，赶在北半球的冬季到来前飞往南极，每年在两极之间往返一次。它们的迁徙路线是所有鸟类中最长的，每年往返的距离可达 90000 千米。

也有一些动物，如海龟，会依靠海岸或岛屿附近形成的波浪形状来导航，并根据水流和水温变化判断自己所在的位置。借助这些信息，它们甚至能回到自己当初破壳而出的那片海滩。

绿海龟会利用地球磁场返回自己的繁衍地，地球磁场就是指引它们回家的"指南针"。

棱皮龟要游上约 7000 千米，才能从觅食地回到产卵的海滩。

鲑（guī）鱼

鲑鱼一生会多次改变栖息地，洄游上万千米。它们先是在淡水河流中孵化，然后进入海洋，在那里吃下大量食物，长大成年。4年后，它们会离开大海，返回自己"故乡"的河流（也就是它们的出生地），完成交配、产卵，开启一个新的繁殖周期。

珊瑚礁

珊瑚礁是由石珊瑚虫群体形成的，这种珊瑚虫能够分泌出一种石灰质的外骨骼，这些外骨骼一代代积累起来，就"长"成了珊瑚礁。珊瑚无论形状还是颜色，看起来都像是植物，实际上却是珊瑚虫聚集而成的。

大堡礁

大堡礁是世界上最大的珊瑚礁群，靠近澳大利亚东海岸，绵延 2000 多千米，总面积达 34.5 万平方千米，几乎跟整个德国一样大！大堡礁是丰富多样的物种家园，仅在那里观察到的鲸鱼就有 30 种，其中最大的当数座头鲸。

珊瑚礁为鱼类、海龟、海螺、海星、海胆、虾、蟹、海绵等生物提供了庇护所。

新喀里多尼亚堡礁

澳大利亚

大堡礁

黄刺尾鱼的眼睛会根据情绪改变颜色：在放松时是明亮的，而在害怕或发怒时就会变成黑色。

新喀里多尼亚堡礁

新喀里多尼亚堡礁的面积有 2.4 万平方千米。这里是很多海洋生物的家园，有的物种是其他很多地方没有的，比如儒艮（gèn）。这种哺乳动物虽然生活在海洋中，但却是大象的表亲。

海葵是一种长得像花朵一样的动物，跟珊瑚虫是近亲。

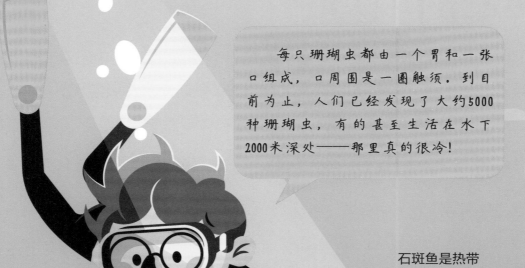

每只珊瑚虫都由一个胃和一张口组成，口周围是一圈触须。到目前为止，人们已经发现了大约5000种珊瑚虫，有的甚至生活在水下2000米深处——那里真的很冷！

石斑鱼是热带珊瑚礁的原住民。

四线笛鲷（diāo）喜欢集结成很大的鱼群，和其他同伴生活在一起。

脑珊瑚

这种珊瑚的直径有的超过2米，上面曲曲折折、密密麻麻地分布着成千上万只珊瑚虫，形状看上去就像人的大脑。

海扇珊瑚

海扇珊瑚看起来像一张网。它们的外形取决于水深，在浅水中"长"得又阔又大，在深水中则"长"得又瘦又长。海扇珊瑚表面有一层可以抗菌消炎的黏液，因此被海豚当作"医药箱"，海豚会在珊瑚上摩擦身体，治疗皮肤疾病。

有一种蘑菇形状的珊瑚叫蕈（xùn）珊瑚，会在海底慢慢地移动，因此有"会走路的珊瑚"之称。

海陆交汇的地方

海洋和陆地交汇的地方是一片独特的天地。让我们跟着艾玛和路易斯，一起来这里寻找大螃蟹、会呼吸的树根和海牛，看看海岸线对于地球气候有多么重要吧！

海草草甸

世界各地的许多海岸线上，都分布着大片的海草草甸。它们是海洋生物的保育所，也是生物多样性的温床：仅仅 1 公顷（0.01平方千米）海草草甸内，就生活着 100 万种不同的生物。

根据联合国环境署的数据，全世界被海草草甸覆盖的海底超过30万平方千米.

巴哈马群岛附近有一片巨大的海草草甸，面积约9万平方千米，跟葡萄牙差不多大。

海草草甸可以保护海岸线免受侵蚀——否则，海岸会被水流和风浪一点点地侵蚀掉。

海草草甸在调节地球气候方面也起着重要作用。就储存二氧化碳的能力而言，1公顷海草草甸抵得上10公顷森林。

海牛

海牛和绿海龟都以海草为食。窄头双髻鲨和枪乌贼也喜欢吃海草，同时，枪乌贼还是窄头双髻鲨最爱的美味。

角眼沙蟹

在印度太平洋地区的海滩上，艾玛和路易斯见到了一种有趣的螃蟹。它们可以长到成年人的手掌那么大。此外，它们的颜色跟海滩差不多，因此不容易被发现。

海鹦

海鹦只有在繁殖季节才会出现在海岸上，其余大部分时间都生活在开阔的海域中。为了捕鱼，它们可以潜入水下 70 米深处。它们会利用喙上的倒刺叼住猎物，每次下海都能带回满满一嘴小鱼。

弹涂鱼

弹涂鱼既能在水里生活，也能在陆地上生活，甚至还能爬上红树林的根部。它们会把水储存在嘴里和鳃里，这样一来，即便是在岸上，它们也能继续呼吸。

红树林

红树林有一项生存绝技：它们的根可以过滤掉海水中的盐分，获得生长所需的淡水。正是因为有了这项本领，它们才能在海岸和河口处存活下来。此外，为了在退潮甚至被潮水淹没时获得足够的氧气，它们还长出了向上的呼吸根，用来呼吸空气。

海底地貌

陆地并非唯一存在山脉、山谷和丘陵的地方，在海底，艾玛和路易斯也发现了巨大的山脉，还有其他很多令人惊讶的地貌景观！

海底山

海底山就是没入海中的山峰，从海底算起，它们的高度要不低于 1000 米，同时又不能露出海面。据估计，全世界的海洋中分布着 3 万到 10 万座这样的海底山。

海底还有地球上最长的山脉——大西洋中脊。这条海底山脉从大西洋蜿蜒至北冰洋，长度比安第斯山脉、落基山脉和喜马拉雅山脉加起来还要长。

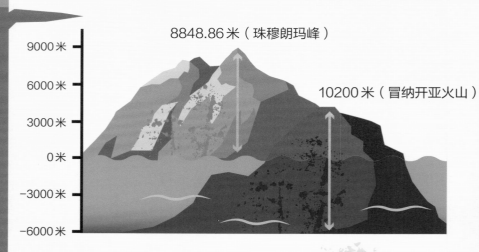

8848.86 米（珠穆朗玛峰）

10200 米（冒纳开亚火山）

9000 米
6000 米
3000 米
0 米
-3000 米
-6000 米

山峰

海拔 8848.86 米的珠穆朗玛峰通常被认为是地球上最高的山峰。但是，夏威夷岛上的冒纳开亚火山才是名副其实的地球第一高峰。从海平面测量，它的海拔仅有 4170 米；但如果从海底测量，它足足有 10200 米高！

赫拉克利翁古城

这座古城又名索尼斯，曾是希腊的殖民地，后来成为埃及重要的海港。公元8世纪，它被地中海淹没，从此销声匿迹，直到2000年才被重新发现。

环礁是海洋中呈环状分布的珊瑚礁。有些科学家认为，它们是从海洋中的火山岛周围逐渐生长起来的，刚好暴露在水面之上。

火山

南太平洋中的洪阿哈阿帕伊岛火山是一个水下"巨人"，它的顶峰位于海平面下大约150米深处。它在2014年的一次喷发，导致陆地从海洋中隆起，将两座相邻的岛屿连在了一起；而2022年的另一次喷发，又使两座岛屿再次分离。

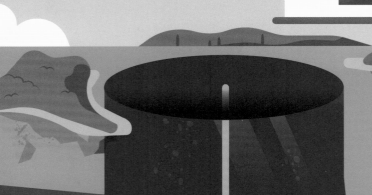

202米

海洋蓝洞

海洋蓝洞是一种出现在海底的深洞。巴哈马群岛附近的大西洋中有一个深达202米的海洋蓝洞，它位于水下20米深处，直径大概有100米，从蓝绿色的海面上俯瞰，它就像一个黑洞洞的圆孔。蓝洞是潜水爱好者的乐园。

深海

深海是地球上最大的未知之地，几乎从来有人类探索过。它被黑暗笼罩，水压非常之高，足以把潜水员压扁——只有特制的深海潜水器才能承受这种压力。

抹香鲸保持着多项世界纪录，比如：它们是世界上最大的齿鲸，拥有所有生物中最大的大脑，在水中能比任何哺乳动物都潜得更深、更久（长达2个小时）。

褐嘴幽灵鱼有四只眼睛：两只朝上，两只朝前。这让它可以看见周围环境的全貌，侦察是否有掠食者靠近。

毒蛇鱼有长长的尖牙，就连闭着嘴时都露在外面。它的身体两侧有发光器官。

雌性鮟鱇（ānkāng）鱼额头上有一根末端发光的"鱼竿"，用来吸引猎物靠近它的嘴巴。

幽灵蛸（shāo）不捕食活物，它们以"海洋雪"（海水中漂浮的小颗粒）为食。

水下10米深处，是海浪几乎影响不到的地方。在这个深度，潜艇开始进入漂浮状态。海水呈蓝绿色，其中生活着各种动植物。

水下100米深处，一切变得昏暗起来。海水变成了深蓝色，你会见到水母、鱼类和樽（zūn）海鞘（qiào）。神奇的是，樽海鞘的血液流动方向每隔几分钟就会颠倒一次。

水下800米深处，是深海的开始。越往深处去，就越冷、越黑，直至变成漆黑一片。所以，生活在这里的鱼类、水母和鱿鱼，需要通过化学方法或利用细菌来"自备"光源。

水下5000米深处，已经到达太平洋和南大西洋底部，这里是海参、海葵和深海蠕虫的栖息地。

水下10000米海洋的最深处，如马里亚纳海沟和波多黎各海沟。尽管如此，仍有一些虾状生物和海参生活在这里。

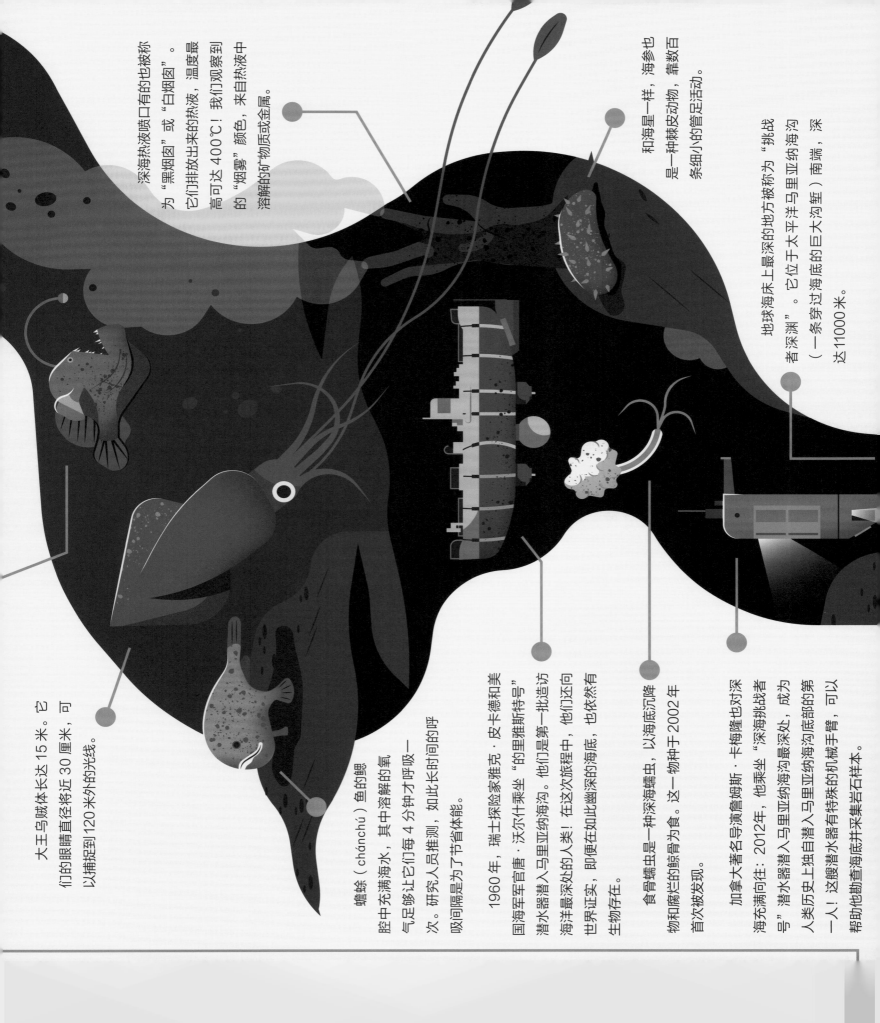

深海热液喷口有的被称为"黑烟囱"或"白烟囱"。它们排放出来的热液，温度最高可达400℃！我们观察到的"烟雾"颜色，来自热液中溶解的矿物质或金属。

和海星一样，海参也是一种棘皮动物，靠数百条细小的管足活动。

地球海床上最深的地方被称为"挑战者深渊"。它位于太平洋马里亚纳海沟南端（一条穿过海底的巨大沟堑）南端，深达11000米。

大王乌贼体长达15米。它们的眼睛直径将近30厘米，可以捕捉到120米外的光线。

蟾鮟（chánchú）鱼的鳃腔中充满海水，其中溶解的氧气足够让它们每4分钟才呼吸一次。研究人员推测，如此长时间的呼吸间隔是为了节省体能。

1960年，瑞士探险家雅克·皮卡德和美国海军军官唐·沃尔什乘坐"的里雅斯特号"潜水器潜入马里亚纳海沟。他们是第一批造访海洋最深处的人类！在这次旅程中，他们还向世界证实，即便在如此幽深的海底，也依然有生物存在。

食骨蠕虫是一种深海蠕虫，以海底沉降物和腐烂的鲸骨为食。这一物种于2002年首次被发现。

加拿大著名导演詹姆斯·卡梅隆也对深海充满向往：2012年，他乘坐"深海挑战者号"潜水器潜入马里亚纳海沟最深处，成为人类历史上独自潜入马里亚纳海沟底部的第一人！这艘潜水器有特殊的机械手臂，可以帮助他勘查海底并采集岩石样本。

人类与海洋

居住在世界各地海岸上的人们，许多以捕鱼或航海为生，这意味着他们的生计与海洋的健康息息相关。还有一些部落甚至直接生活在大海上。快跟艾玛和路易斯一起来探访这些以海为家的人吧！

巴夭人

巴夭人在太平洋沿岸的浅水区域用木桩建造自己的木屋。想象一下，早上醒来，你能看见一条鳐鱼正在门前游泳！许多巴夭人从小便学会了自由潜水（不借助潜水设备在水下潜泳），成年后，他们甚至可以潜到水下70米深处！

从美国的阿拉斯加州到加拿大的不列颠哥伦比亚省的北美洲西海岸上，生活着特林基特人、海达人和夸扣特尔人等族群，他们的传统生活方式是驾着独木舟捕鱼。

船员

　　每天都有成千上万条商船往来于海上。在回到陆地前，船员们常常要在船上待上几个月。

莫肯人

　　莫肯人生活在泰国和缅甸的近海上。那儿有许多零星的小岛和一些稍大的岛屿，被称为丹老群岛。莫肯人以船为家，一生大部分时间都住在一种叫作卡邦的长木船上。他们是一群潜水高手，还是使用鱼叉的行家。

奥朗劳特人

　　奥朗劳特人是生活在苏门答腊岛和印度尼西亚海岸上的海洋游牧民族。与莫肯人和巴天人一样，他们也拥有极其丰富的海洋知识，是出色的捕鱼高手和潜水员。

因纽特人和尤皮克人

　　因纽特人主要居住在加拿大和格陵兰岛，尤皮克人住在阿拉斯加和西伯利亚。他们都是北极地区的原住民，擅长划着用鲸鱼和海豹皮制成的小艇，用鱼叉狩猎海豹、鲸鱼和北极熊。

　　毛利人的文身不仅仅是一种装饰，每个纹样都记录着文身者的某种经历，并象征着他们在族人中的地位。

毛利人

　　毛利人是新西兰的原住民，他们的文化与海洋紧密相连。至少在700年前，他们的祖先就乘船从南太平洋来到了如今的新西兰。

海洋探索者

瓦根·瓦尔弗里德·埃克曼（1874—1954）

瑞典物理海洋学家埃克曼对洋流及其所受风力的影响进行了研究。在这个过程中，他还观察到冰山不会沿着盛行风方向漂移，而是会与风向形成一定的角度。

詹姆斯·库克（1728—1779）

这位英国航海家曾先后三次探索太平洋，发现了许多欧洲人以前不知道的岛屿，并将它们加到了地图上。1777年12月24日，他来到一座环礁湖岛，并将其命名为"圣诞岛"。

如今，人们利用全球卫星导航系统来指引航向，而以前水手们用的是指南针。这种工具是古代的中国人利用磁石的特性发明的：当你把一小块磁石悬挂在绳子上，它就会根据地球磁场调整方向，从而指示出南北方位。

日本"深海6500号"载人科考潜水器

西尔维娅·艾尔（1935—）

这位美国海洋生物学家花费了几千个小时在水下研究海洋。她与丈夫格拉汉姆·霍克斯共同开发了一些设备，用来探索海洋的最深处。在那里，她发现了一些以前从未被发现的泉水、洋流，甚至还有生物。由她发现并记录下来的海洋动植物多达154种。

雅克-伊夫·库斯托（1910—1997）

这位法国海洋学家毕生致力于探索海底世界，总共拍摄了 100 多部有关海洋的影片。他在 1959 年建造的SP-350 潜水器，能够携带两个人下潜到水下 305 米深处，并透过直径仅有 12 厘米的窗口观察周边的海洋环境。这艘潜水器伴随库斯托的科考船"卡里普索号"总共下水 1500 多次。1962 年后，他还与一些海底实验室进行过合作。

雷切尔·卡森（1907—1964）

这位美国海洋生物学家、作家在 10 岁时就发表了第一篇关于自然界的文章。在完成自己的动物学课程后，她开始撰写一系列有关海洋和海洋生物学的广播报道，并陆续出版了多本著作。她积极投身于环境保护事业，并参加了反对污染和使用杀虫剂的抗议活动。在她的影响下，全世界有许多人也加入了环保运动的队伍。

海洋的危机

在探索海洋的旅途中，艾玛和路易斯遇见了许多奇妙的动植物，也了解到了保持海洋健康对于地球气候有多么重要。他们深深地意识到，作为重要的水生环境，现在的海洋比以往任何时候都更加脆弱，保护海洋已经刻不容缓。

有毒物质

不幸的是，人类一直在将海洋用作垃圾场。人们把各种工业有毒废物、油料和污水排入大海，让海洋动植物深受其害，有些物种甚至因此而濒临灭绝。

> 我们人类应当对海洋环境的污染和破坏负责。为了让海洋保持健康，我们必须改变自己的行为方式。

塑料污染

塑料污染对海洋构成了巨大威胁。世界各地的海面上都漂浮着庞大的塑料垃圾带，数以百万计的海洋动物因为胃部被塑料堵塞而死亡。

在美国西海岸加利福尼亚和夏威夷之间，有一片所谓的"大太平洋垃圾带"，面积相当于美国缅因州的20倍！人们在海洋最深处，甚至是南极，都发现了塑料颗粒，洋流把它们带到了全世界的每一个角落。

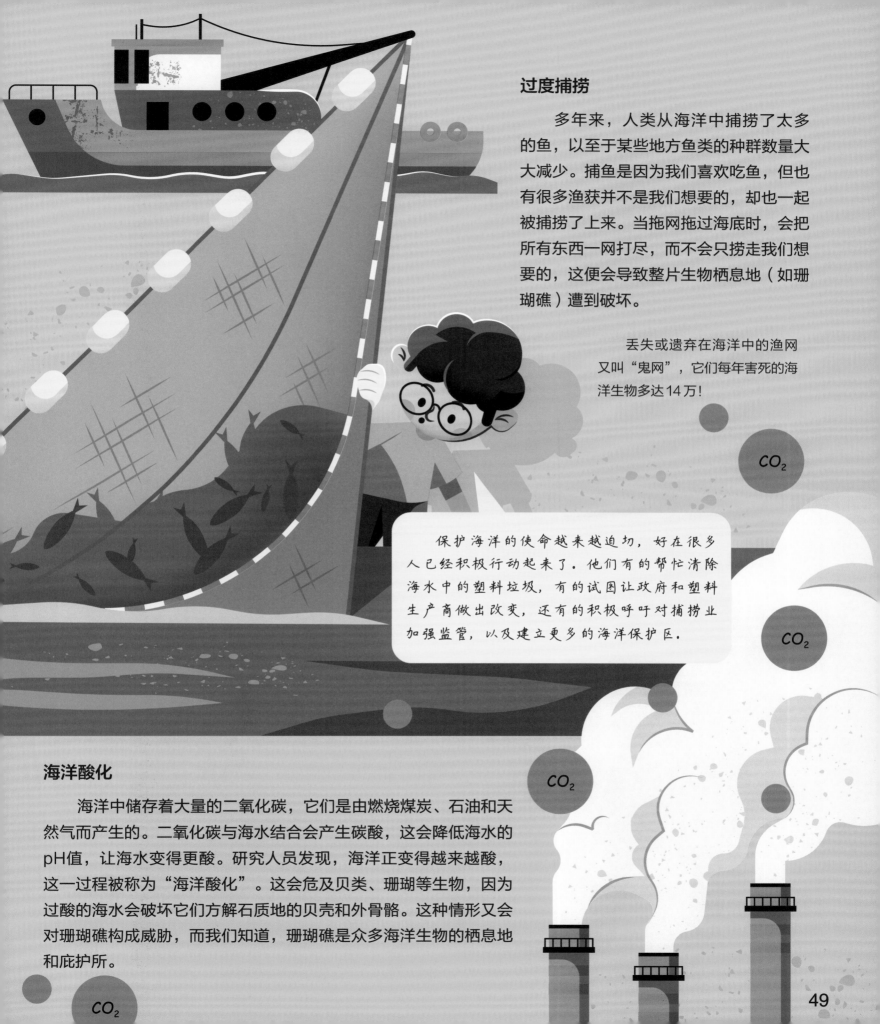

过度捕捞

多年来，人类从海洋中捕捞了太多的鱼，以至于某些地方鱼类的种群数量大大减少。捕鱼是因为我们喜欢吃鱼，但也有很多渔获并不是我们想要的，却也一起被捕捞了上来。当拖网拖过海底时，会把所有东西一网打尽，而不会只捞走我们想要的，这便会导致整片生物栖息地（如珊瑚礁）遭到破坏。

丢失或遗弃在海洋中的渔网又叫"鬼网"，它们每年害死的海洋生物多达14万！

CO₂

保护海洋的使命越来越迫切，好在很多人已经积极行动起来了。他们有的帮忙清除海水中的塑料垃圾，有的试图让政府和塑料生产商做出改变，还有的积极呼吁对捕捞业加强监管，以及建立更多的海洋保护区。

CO₂

CO₂

海洋酸化

海洋中储存着大量的二氧化碳，它们是由燃烧煤炭、石油和天然气而产生的。二氧化碳与海水结合会产生碳酸，这会降低海水的pH值，让海水变得更酸。研究人员发现，海洋正变得越来越酸，这一过程被称为"海洋酸化"。这会危及贝类、珊瑚等生物，因为过酸的海水会破坏它们方解石质地的贝壳和外骨骼。这种情形又会对珊瑚礁构成威胁，而我们知道，珊瑚礁是众多海洋生物的栖息地和庇护所。

CO₂

海怪和海盗

世界各地都流传着一些关于神秘海洋生物的传说。让我们跟艾玛和路易斯一起来听听这些传说，顺便认识几个历史上非常出名的海盗吧！

郑一嫂

郑一嫂是19世纪中国最有名的女海盗，曾指挥2000多艘船活跃在南海上。她的队伍以严格的条令和严厉的惩罚而闻名。比如有一条规定是，海盗成员不允许伤害妇女，包括被俘虏的女性。

18世纪，一个名叫安妮·邦尼的女海盗活跃在加勒比海上。她嫁给了海盗船长"棉布杰克"，和另一名女海盗玛丽·里德一同抢劫过往船只，是一名彪悍的女战士。

爱德华·蒂奇

"黑胡子"爱德华·蒂奇是18世纪一个臭名昭著的海盗，因为他袭击过很多商船，还俘虏了很多人。他的海盗船叫"安妮女王复仇号"，其残骸于1997年在美国东南部北卡罗来纳州的近海中被发现，船上有大量武器和黄金。

波塞冬和特里同

在希腊神话中，海神波塞冬统治着海洋。他的儿子特里同住在海洋深处一座用黄金和珊瑚建造的宫殿中，拥有一个特别的海螺壳，可以用来唤起巨浪或使之平息。

克拉肯

北海巨妖克拉肯是挪威民间传说中的著名海怪，这是一种形似章鱼的庞然大物，通常潜伏在海底，能吞下整条船只。北欧还流传着关于大海蛇的传说，据说这种海蛇长着巨大的脑袋和角。

中国古代神话传说中的人鱼叫作"鲛（jiāo）人"，它们会织一种轻薄的"龙绡（xiāo）"，这种美丽的织物永远不会被弄湿。它们哭泣的时候，眼泪还能化成珍珠。

玛米·瓦塔是非洲南部传说中的美人鱼，有一条蛇做伴。

在日本传说中，人鱼有着猴子一样的嘴巴和细细的尖牙。它们会施展神奇的魔咒，如果人类想要抓住它们，就会招来海啸，所以千万别尝试！

幽灵船

千百年来，幽灵船的故事一直为西方的水手们津津乐道。它们会在迷雾中突然出现，又突然消失，给人们带来厄运。其中最为知名的幽灵船叫"飞翔的荷兰人"，据说，它能向后行驶，能够穿越风暴，甚至在没风的时候也可以航行。它的船长受到了诅咒，必须永远独自航行，不能靠岸。

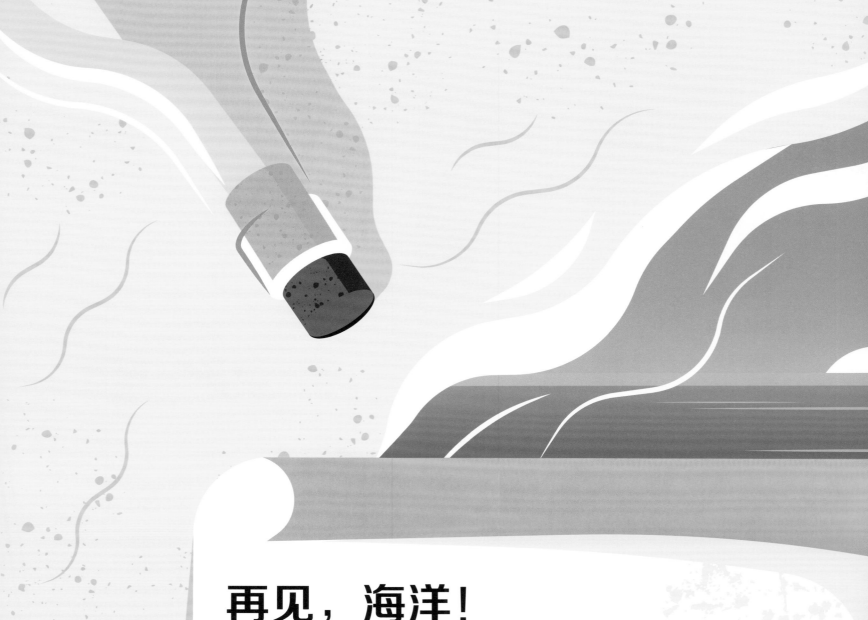

再见，海洋！

　　从北极到南大洋，艾玛和路易斯走遍了整个地球来探索海洋。

　　在这趟迷人的海洋之旅中，他们遇见了会飞的鱼和会发光的深海生物，见识了许多陆地上看不到的景色。他们还发现，海洋中还有很多我们人类不了解的地方，等待着我们去探索、去发现。在这趟海洋冒险之旅中，他们明白了一件非常重要的事情，那就是要保护海洋，不要让它被污染，而且不要捕捞太多的鱼。

　　从现在起，我们每个人都可以在自己的日常生活中做些什么，为保护海洋贡献自己的一份力量。这是我们应该做的，因为海洋的健康与我们每个人的生活都息息相关。

词语解释

哺乳动物
一类胎生、有毛发、体温恒定的脊椎动物，可以用母体分泌的乳汁喂养幼崽。

潮汐
由月球引力所引发的地球海水涨落现象，上涨时叫涨潮，回落时叫退潮。

赤道
一条位于南极和北极正中间、环绕地球的假想线，把地球分成南、北两个半球。

触手
动植物用来捕捉猎物的长而灵活的肢体。

地球自转
地球除了在围绕太阳转动（叫作公转），也在围绕自身的地轴转动，这就叫作自转。公转一圈需要一年，而自转一圈只要一天。

二氧化碳
一种存在于空气中的气体。由于燃烧化石燃料（煤炭、石油等），它在空气中的浓度大大增加，从而造成了地球整体气候的变化。

孵化
指某些动物（如鸟类、鱼类和爬行动物）在卵内完成胚胎发育，然后破壳而出的现象。

浮游生物
存在于水中而缺乏有效移动能力的微小生物，是许多水生动物的食物。

哥伦布
意大利著名航海家，曾从欧洲航行到美洲。

个体
构成物种群体的单个生物体。在水母、珊瑚、水螅和海葵等物种中，多个个体会共同组成一个"身体"，而这样的"身体"本身就是一个群体。

光合作用
指植物和藻类利用阳光将水和二氧化碳转化为有机物的过程。在植物和藻类中有一种绿色的细胞器，叫作叶绿体。它可以吸收光，并利用从光中获得的能量将二氧化碳和水转化为有机物。这个过程还可以产生氧气排放到大气中。

回声定位
指发射声波，然后通过倾听回声来辨别物体的位置。许多动物都靠这种本领来确定自己的方位或猎物的位置。

脊椎动物
体内有脊椎的动物，如鱼类、两栖动物、爬行动物、鸟类和哺乳动物。

鲸类
一类生活在海洋中的大型哺乳动物，海豚和鲸鱼都属于鲸类。

离心力
一种在旋转和圆周运动中产生的力。例如，我们在荡秋千时会体验到离心力，当荡得很高时，会感觉自己几乎要飞出去。

猎物
掠食者的狩猎对象和食物。

鸟类
一类有羽毛、翅膀、喙和两条腿的脊椎动物。与哺乳动物不同，它们是卵生的。

爬行动物

指蜥蜴、蛇、龟、鳄鱼之类的脊椎动物，多生活在陆地上，身体表面长着鳞、甲，而不是羽毛或毛发。

栖息地

某种生物生活的环境，或者多种生物共同生活的环境。

气候

一个地区通常会出现的天气状况。气候可以是温暖的，也可以是寒冷的；可以是干燥的，也可以是湿润的。这在很大程度上取决于当地与赤道的距离，因为靠近赤道的地方通常是炎热、潮湿的。

全球卫星导航系统

由许多颗卫星组成的导航系统，可以在全球范围内确定地球表面或近地空间某个物体的精确位置、速度和时间信息等。

群体

一群生活在一起的同种生物。

鳃

水生动物用来从水中"吸入"氧气的器官。

水螅体

刺胞动物（如水螅、珊瑚、水母等）的两种体型之一，通常附着在海底，以群体形式出现。

特有种

一个地方所独有的生物物种。

吻突

动物向前突出的口、唇等部位。

无脊椎动物

身体内没有脊椎的动物，如昆虫、蜘蛛和蠕虫等。

细菌

由单个细胞组成的微小生物，细胞结构简单，有的甚至没有细胞核。

氧气

一种存在于空气中的气体，是地球上大多数生物所必需的物质。

引力

又叫万有引力，是一种有质量的物体之间相互吸引的自然现象。在地球表面附近，引力表现为物体所受的重力：一个物体的质量越大，所受重力就越大，它的重量也就越大。

营养物质

生物生长和生存所必需的物质，如矿物质、维生素、碳水化合物、脂肪和蛋白质。

鱼类

一类生活在水中、体表有鳞片、用鳃呼吸、用鳍游泳的脊椎动物。

藻类

一类可以利用阳光将水和二氧化碳转化为有机物（这一过程叫作光合作用）的单细胞或多细胞生物，主要为水生。

蒸发

物质由液态转变为气态的过程。

社图号24115

Original Title: Explore the Oceans
Adventures under the sea with Emma and Louis
Written by Anne Ameri-Siemens
Illustrated by Anton Hallmann
Original edition conceived, edited and designed by Little Gestalten
Edited by Robert Klanten and Richard Schmädicke
Design and layout by Anton Hallmann
Published by Little Gestalten, Berlin 2023
Copyright © 2023 by Die Gestalten Verlag GmbH & Co. KG
Simplified Chinese edition arranged by Inbooker Cultural Development (Beijing)
Co., Ltd.

北京市版权局著作权合同登记图字：01-2024-3398 号

图书在版编目（CIP）数据

探索海洋：艾玛和路易斯的海洋大冒险 /（德）安
妮·阿梅里-西门子(Anne Ameri-Siemens) 著；（德）
安东·霍尔曼 (Anton Hallmann)绘；许家兰译.
北京：北京语言大学出版社，2025.1. -- ISBN 978-7
-5619-6601-3
Ⅰ．P7-49
中国国家版本馆CIP数据核字第 202480JK55 号

探索海洋：艾玛和路易斯的海洋大冒险
TANSUO HAIYANG：AIMA HE LUYISI DE HAIYANG DA MAOXIAN

项目策划：阅思客文化　　责任编辑：郑　炜　孟画晴　　责任印制：周　燚

出版发行：北京语言大学出版社
社　　址：北京市海淀区学院路15号，100083
网　　址：www.blcup.com
电子信箱：service@blcup.com
电　　话：编 辑 部　8610-82303670
　　　　　国内发行　8610-82303650/3591/3648
　　　　　海外发行　8610-82303365/3080/3668
　　　　　北语书店　8610-82303653
　　　　　网购咨询　8610-82303908
印　　刷：北京中科印刷有限公司

版　　次：2025年1月第1版　　印　　次：2025年1月第1次印刷
开　　本：889毫米×1194毫米　1/12　印　　张：5⅓
字　　数：72千字　　　　　　　　定　　价：68.00元
PRINTED IN CHINA
凡有印装质量问题，本社负责调换。售后 QQ 号 1367565611，电话 010-82303590

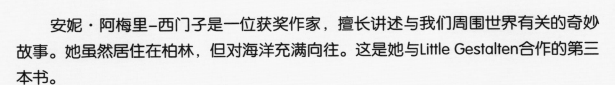

安妮·阿梅里-西门子是一位获奖作家，擅长讲述与我们周围世界有关的奇妙故事。她虽然居住在柏林，但对海洋充满向往。这是她与Little Gestalten合作的第三本书。

安东·霍尔曼出生于德国勃兰登堡州，曾在汉堡应用技术大学学习插画，目前和太太一起居住在瑞典斯德哥尔摩。《探索海洋》是他继《探索世界》《探索雨林》之后创作的第三本儿童读物。